浙江生物多样性保护研究系列

Biodiversity Conservation Research Series in Zhejiang, China

百山祖国家公园野生食用植物图鉴

Wild Edible Plants Atlas of Baishanzu National Park

刘萌萌　李泽建　吴东浩　著

中国农业科学技术出版社

China Agricultural Science and Technology Press

图书在版编目（CIP）数据

百山祖国家公园野生食用植物图鉴 / 刘萌萌，李泽建，吴东浩著 . -- 北京：中国农业科学技术出版社，2021.8
ISBN 978-7-5116-5416-8

Ⅰ . ①百… Ⅱ . ①刘… ②李… ③吴… Ⅲ . ①国家公园－野生植物－食用植物－丽水－图集 Ⅳ . ① Q949.91-64

中国版本图书馆 CIP 数据核字（2021）第 146863 号

责任编辑　张志花
责任校对　贾海霞
责任印制　姜义伟　王思文

出 版 者　中国农业科学技术出版社
　　　　　北京市中关村南大街 12 号　邮编：100081
电　　话　（010）82106636（编辑室）（010）82109702（发行部）
　　　　　（010）82109709（读者服务部）
传　　真　（010）82106631
网　　址　http://www.castp.cn
经 销 者　各地新华书店
印 刷 者　北京科信印刷有限公司
开　　本　185 mm×260 mm　1/16
印　　张　20
字　　数　320 千字
版　　次　2021 年 8 月第 1 版　2021 年 8 月第 1 次印刷
定　　价　288.00 元

Biodiversity Conservation Research Series in Zhejiang, China

Wild Edible Plants Atlas of Baishanzu National Park

Compiled by Liu Mengmeng, Li Zejian, Wu Donghao

China Agricultural Science and Technology Press

《百山祖国家公园野生食用植物图鉴》

著　者：

刘萌萌　李泽建　吴东浩

摄　影：

吴东浩　王军峰　钟建平　刘萌萌　李泽建　刘胜龙

梅旭东　张方钢　林　坚　王宗琪　吴清华　吴建平

张孟耸　袁井泉　陈　健　李会松

前　言

《百山祖国家公园野生食用植物图鉴》一书，是作者团队经过近 4 年时间（2018—2021年），通过深入走访调查、野外考察和查阅文献，写成的一部科普性和可读性较强的野生食用植物专题著作。本书是李泽建博士领衔的丽水生物多样性保护与监测创新研究团队出版的又一著作，属于《浙江生物多样性保护研究系列》卷册之四。本书的出版得到了丽水学院新引进博士科研启动人才（刘萌萌，项目编号 6004LMM01Z）专项、丽水市 2021 年博士后工作站考核奖励专项和丽水市科协服务科技创新项目（2021ZDXS06）的联合资助。

本书立足百山祖国家公园范畴，以百山祖国家公园创建为依托，精选野生食用植物图片683 张，为研究食用植物种类提供了重要基础材料。全书收录百山祖国家公园野生食用植物217 种，分为木本植物与草本植物两个部分（其中木本植物隶属 45 科134 种，草本植物隶属 35 科 83 种）。其物种信息参考《浙江植物志》和《中国植物志》进行编排；食用部位信息依据本地区有传统食用习惯和经查证有关书籍资料明确有食用价值而列出；并对其食用价值，如可生食、制茶、作菜蔬等，进行了提示性的简要表述；部分植物物种或食用部位还备注了俗称，以方便当地人士查对。由于野生食用植物含有生物碱等复杂成分，多数需要经过相应的加工才能去除毒性成分或不良味道；直接食用成熟果实等部位时，宜少量进食，以免造成胃肠不适等，前述情况需引起读者注意。本书的出版，为丰富百山祖国家公园野生食用植物物种数据库提供了重要的基础数据，也为展现百山祖国家公园生物多样性提供了翔实而有力的证据。由于时间仓促，书中内容如有个别不足之处，敬请各位读者批评指正！

著　者

2021 年 8 月

目　录

第二部分　草本植物

第一部分
木本植物

一、松科 Pinaceae

1. 马尾松

拉丁学名 *Pinus massoniana*
地理分布 浙江、江苏、安徽、河南、福建、广东、四川、贵州、云南、陕西、台湾。
食用部位 花粉，可制作清明粿馅料等。

2. 黄山松

拉丁学名 *Pinus taiwanensis*

地理分布 浙江、安徽、福建、江西、河南、湖北、湖南、台湾。

食用部位 花粉，可制作清明粿馅料等。

二、三尖杉科 Cephalotaxaceae

3. 三尖杉

拉丁学名 *Cephalotaxus fortunei*

地理分布 浙江、安徽、福建、江西、河南、湖北、湖南、广东、广西、四川、贵州、云南、陕西、甘肃。

食用部位 肉质假种皮，可生食。

三、红豆杉科 Taxaceae

4. 白豆杉

拉丁学名 *Pseudotaxus chienii*
地理分布 浙江、江西、湖南、广东、广西。
食用部位 肉质假种皮，可生食。

5. 南方红豆杉

拉丁学名 *Taxus wallichiana* var. *mairei*

地理分布 浙江、安徽、台湾、福建、江西、河南、湖北、湖南、广东、广西、四川、贵州、云南、陕西、甘肃。

食用部位 肉质假种皮，可生食。

6. 榧树

拉丁学名	*Torreya grandis*
地理分布	浙江、江苏、安徽、福建、江西、湖南、贵州。
食用部位	种子，可炒食或榨油。

四、杨梅科 Myricaceae

7. 杨梅

拉丁学名 *Myrica rubra*

地理分布 浙江、江苏、台湾、福建、江西、湖南、贵州、四川、云南、广西、广东。

食用部位 果实，可生食、泡酒或制成杨梅干等。

五、胡桃科 Juglandaceae

8. 华东野核桃

拉丁学名 *Juglans cathayensis* var. *formosana*
地理分布 浙江、江苏、安徽、江西、福建、台湾。
食用部位 核仁,可炒食或榨油。

9. 青钱柳

拉丁学名 *Cyclocarya paliurus*

地理分布 浙江、安徽、江苏、江西、福建、台湾、湖北、湖南、四川、贵州、广西、广东、云南。

食用部位 嫩叶，可制茶。

六、壳斗科 Fagaceae

10. 板栗

拉丁学名 *Castanea mollissima*

地理分布 浙江、北京、天津、河北、山西、辽宁、吉林、上海、江苏、安徽、福建、江西、山东、河南、湖北、湖南、广东、广西、海南、重庆、四川、贵州、云南、西藏、陕西、甘肃、台湾。

食用部位 种子，可食用。

11. 茅栗

拉丁学名 *Castanea seguinii*

地理分布 浙江、天津、山西、江苏、安徽、福建、江西、河南、湖北、湖南、广东、广西、海南、重庆、四川、贵州、云南、陕西。

食用部位 种子，可食用。

12. 锥栗

拉丁学名 *Castanea henryi*

地理分布 浙江、江苏、安徽、福建、江西、河南、湖北、湖南、广东、广西、重庆、四川、贵州、云南、陕西、甘肃。

食用部位 种子，可食用。

13. 米槠

拉丁学名 *Castanopsis carlesii*

地理分布 浙江、江苏、安徽、福建、江西、湖南、广东、广西、海南、重庆、四川、贵州、云南、西藏、台湾。

食用部位 种子，可炒食。

14. 甜槠

拉丁学名 *Castanopsis eyrei*

地理分布 浙江、江苏、安徽、福建、江西、湖北、湖南、广东、广西、海南、重庆、四川、贵州、云南、台湾。

食用部位 甜槠俗称乌榆，种子可炒食。

15. 栲树

(拉丁学名) *Castanopsis fargesii*

(地理分布) 浙江、安徽、福建、江西、湖北、湖南、广东、广西、海南、重庆、四川、贵州、云南、台湾、香港。

(食用部位) 种子，可生食或炒食。

16. 毛锥（南岭栲）

拉丁学名 *Castanopsis fordii*
地理分布 浙江、江苏、福建、江西、湖南、广东、广西、四川、香港。
食用部位 种子，可生食或炒食。

17. 苦槠

拉丁学名　*Castanopsis sclerophylla*

地理分布　浙江、江苏、安徽、福建、江西、河南、湖北、湖南、广东、广西、海南、四川、云南、陕西、香港。

食用部位　种子，可加工制成苦槠干。

18. 罗浮锥（罗浮栲）

拉丁学名　*Castanopsis faberi*

地理分布　浙江、江西、广东、广西、海南。

食用部位　种子，可炒食。

19. 水青冈

拉丁学名 *Fagus longipetiolata*

地理分布 浙江、江苏、安徽、福建、江西、湖北、湖南、广东、广西、重庆、四川、贵州、云南、陕西、甘肃。

食用部位 种子，可榨油。

七、榆科 Ulmaceae

20. 多脉榆

拉丁学名 *Ulmus castaneifolia*

地理分布 浙江、江苏、福建、江西、湖北、湖南、广东、广西、重庆、四川、贵州、云南。

食用部位 幼嫩翅果，可作菜蔬。

21. 杭州榆

拉丁学名 *Ulmus changii*

地理分布 浙江、江苏、安徽、福建、江西、湖北、湖南、广西、四川、陕西。

食用部位 幼嫩翅果，可作菜蔬。

八、桑科 Moraceae

22. 华桑

拉丁学名 *Morus australis*

地理分布 浙江、北京、河北、山西、辽宁、江苏、安徽、福建、江西、山东、河南、湖北、湖南、广东、广西、海南、重庆、四川、贵州、云南、西藏、陕西、甘肃、台湾、香港、澳门。

食用部位 果实,可生食。

23. 构树

拉丁学名 *Broussonetia papyrifera*

地理分布 浙江、北京、天津、河北、山西、辽宁、上海、江苏、安徽、福建、江西、山东、河南、湖北、湖南、广东、广西、海南、重庆、四川、贵州、云南、西藏、陕西、甘肃、台湾、香港。

食用部位 雄花序可作菜蔬，果实可生食。

24. 柘

拉丁学名　*Maclura tricuspidata*

地理分布　浙江、北京、河北、山西、辽宁、上海、江苏、安徽、福建、江西、山东、河南、湖北、湖南、广东、广西、海南、重庆、四川、贵州、云南、陕西、甘肃。

食用部位　果实，可生食或酿酒。

25. 东部藤柘

拉丁学名　*Maclura orientalis*
地理分布　浙江。
食用部位　果实，可生食。

26. 构棘（葨芝）

拉丁学名 *Maclura cochinchinensis*

地理分布 浙江、安徽、福建、广东、广西、贵州、海南、湖北、湖南、江西、四川、台湾、云南。

食用部位 果实，可生食或糖渍。

27. 异叶榕

拉丁学名 *Ficus heteromorpha*

地理分布 浙江、山西、江苏、安徽、福建、江西、河南、湖北、湖南、广东、广西、海南、重庆、四川、贵州、云南、陕西、甘肃、台湾。

食用部位 果实，可生食。

28. 琴叶榕

拉丁学名 *Ficus pandurata*

地理分布 浙江、江苏、安徽、福建、江西、河南、湖北、湖南、广东、广西、海南、重庆、四川、贵州、云南、台湾、香港、澳门。

食用部位 琴叶榕俗称牛奶绳，根和茎熬煮汤汁可用于烧肉。

注 特指全叶榕和条叶榕。

29. 珍珠莲

拉丁学名 *Ficus sarmentosa* var. *henryi*

地理分布 浙江、河北、江苏、安徽、福建、江西、河南、湖北、湖南、广东、广西、海南、重庆、四川、贵州、云南、西藏、陕西、甘肃、台湾、香港。

食用部位 果实，可生食。

30. 薜荔

拉丁学名	*Ficus pumila*
地理分布	浙江、上海、江苏、安徽、福建、江西、河南、湖北、湖南、广东、广西、海南、重庆、四川、贵州、云南、台湾、香港、澳门。
食用部位	薜荔俗称客馒头，果实可制凉腐，亦可生食。

31. 天仙果

拉丁学名 *Ficus erecta* var. *beecheyana*

地理分布 浙江、上海、江苏、安徽、福建、江西、河南、湖北、湖南、广东、广西、贵州、云南、台湾、香港。

食用部位 果实，可生食。

九、木通科 Lardizabalaceae

32. 木通

拉丁学名　*Akebia quinata*

地理分布　浙江、辽宁、江苏、安徽、福建、江西、山东、河南、湖北、湖南、广东、海南、重庆、四川、陕西、甘肃。

食用部位　木通俗称八月炸，果实可生食。

33. 三叶木通

拉丁学名　*Akebia trifoliata*

地理分布　浙江、山西、安徽、江西、河南、湖北、湖南、广西、重庆、四川、陕西、甘肃。

食用部位　三叶木通俗称八月炸，果实可生食。

34. 猫儿屎

拉丁学名 *Decaisnea insignis*

地理分布 浙江、山西、江苏、安徽、江西、河南、湖北、湖南、广西、重庆、四川、贵州、云南、西藏、陕西、甘肃。

食用部位 果实，可生食。

35. 鹰爪枫

拉丁学名 *Holboellia coriacea*

地理分布 浙江、安徽、江西、河南、湖北、湖南、重庆、四川、云南、陕西、甘肃。

食用部位 果实，可生食。

36. 显脉野木瓜

拉丁学名 *Stauntonia conspicua*
地理分布 浙江、福建、江西、湖南。
食用部位 果实，可生食。

37. 钝药野木瓜

拉丁学名 *Stauntonia leucantha*

地理分布 浙江、辽宁、安徽、福建、江西、湖南、广东、广西、重庆、四川、贵州、云南、台湾。

食用部位 果实，可生食。

38. 尾叶那藤

拉丁学名 *Stauntonia obovatifoliola*
地理分布 浙江、广东。
食用部位 尾叶那藤俗称牛卵袋，果实可生食。

十、木兰科 Magnoliaceae

39. 玉兰

拉丁学名	*Yulania denudata*
地理分布	浙江、安徽、江西、湖南、贵州。
食用部位	花瓣，可作菜蔬。

十一、五味子科 Schisandraceae

40. 南五味子

拉丁学名 *Kadsura longipedunculata*

地理分布 浙江、江苏、安徽、福建、江西、湖北、湖南、广东、广西、重庆、四川、贵州、云南。

食用部位 南五味子俗称棉藤团、南蒲，果实可生食或泡酒。

十二、蜡梅科 Calycanthaceae

41. 柳叶蜡梅

拉丁学名 *Chimonanthus salicifolius*

地理分布 浙江。

食用部位 柳叶蜡梅俗称食凉撑，叶可制成保健茶饮。

42. 浙江蜡梅

拉丁学名 *Chimonanthus zhejiangensis*

地理分布 浙江。

食用部位 浙江蜡梅俗称食凉撑，叶可制成保健茶饮。

十三、番荔枝科 Annonaceae

43. 瓜馥木

拉丁学名　*Fissistigma oldhamii*
地理分布　浙江、福建、江西、湖南、广东、广西、海南、云南、台湾、香港。
食用部位　果实，可生食。

十四、樟科 Lauraceae

44. 细叶香桂

拉丁学名　*Cinnamomum subavenium*

地理分布　浙江、安徽、福建、江西、湖北、湖南、广东、广西、海南、重庆、四川、贵州、云南、西藏、陕西、甘肃。

食用部位　树皮和树叶，可作调味料。

45. 山鸡椒

拉丁学名　*Litsea cubeba*

地理分布　浙江、河北、辽宁、江苏、安徽、福建、江西、湖北、湖南、广东、广西、海南、重庆、四川、贵州、云南、西藏、陕西、台湾、香港。

食用部位　山鸡椒俗称山苍子，嫩叶可作菜蔬或代食物，花可制茶，根熬煮汤汁可用于烧肉。

十五、金缕梅科 Hamamelidaceae

46. 檵木

拉丁学名 *Loropetalum chinense*

地理分布 浙江、江苏、安徽、福建、江西、河南、湖北、湖南、广东、广西、海南、重庆、四川、贵州、云南、陕西、香港。

食用部位 檵木俗称粗漆、青漆，枝叶烧成灰碱，可用于加工黄米粿。

十六、蔷薇科 Rosaceae

47. 政和杏

拉丁学名　*Armeniaca zhengheensis*

地理分布　浙江、福建。

食用部位　果实，可生食或制作"杏梅干"。

48. 华中樱桃

拉丁学名	*Cerasus conradinae*
地理分布	浙江、北京、江苏、安徽、福建、江西、河南、湖北、湖南、广西、重庆、四川、贵州、云南、陕西。
食用部位	果实，可生食。

49. 迎春樱桃

拉丁学名 *Cerasus discoidea*

地理分布 浙江、江西。

食用部位 果实，可生食。

50. 浙闽樱桃

拉丁学名 *Cerasus schneideriana*

地理分布 浙江、江苏、福建、江西、湖南、广西、陕西。

食用部位 果实，可生食。

51. 山樱花

拉丁学名 *Cerasus serrulata*

地理分布 浙江、北京、天津、河北、辽宁、黑龙江、上海、江苏、安徽、福建、江西、山东、河南、湖北、湖南、广东、广西、重庆、四川、贵州、云南、陕西、甘肃。

食用部位 果实，可生食。

52. 凤阳山樱桃

拉丁学名 *Cerasus fengyangshanica*

地理分布 浙江。

食用部位 果实，可生食。

53. 沼生矮樱

拉丁学名 *Cerasus jingningensis*

地理分布 浙江。

食用部位 果实，可生食。

54. 景宁晚樱

拉丁学名	*Cerasus paludosa*
地理分布	浙江。
食用部位	果实，可生食。

55. 野山楂

拉丁学名　*Crataegus cuneata*

地理分布　浙江、山西、上海、江苏、安徽、福建、江西、河南、湖北、湖南、广东、广西、重庆、四川、贵州、云南、陕西。

食用部位　果实，可生食或制蜜饯、果脯。

56. 硕苞蔷薇

拉丁学名　*Rosa bracteata*

地理分布　浙江、上海、江苏、福建、江西、湖南、四川、贵州、云南、台湾。

食用部位　果实，可生食。

57. 金樱子

拉丁学名　*Rosa laevigata*

地理分布　浙江、河北、山西、江苏、安徽、福建、江西、河南、湖北、湖南、广东、广西、重庆、四川、贵州、云南、西藏、陕西、甘肃、台湾、香港。

食用部位　金樱子俗称枝驮，果实可生食或泡酒。

58. 寒莓

拉丁学名 *Rubus buergeri*

地理分布 浙江、江苏、安徽、福建、江西、湖北、湖南、广东、广西、重庆、四川、贵州、云南、台湾。

食用部位 果实，可生食。

59. 掌叶覆盆子

拉丁学名 *Rubus chingii*

地理分布 浙江、江苏、安徽、福建、江西、河南、广东、广西、重庆。

食用部位 掌叶覆盆子俗称葛公，果实可生食。

60. 山莓

拉丁学名 *Rubus corchorifolius*

地理分布 浙江、山西、江苏、安徽、福建、江西、河南、湖北、湖南、广东、广西、重庆、四川、贵州、云南、陕西、甘肃、台湾。

食用部位 山莓俗称葛公弟，果实可生食。

61. 蓬蘽

拉丁学名 *Rubus hirsutus*

地理分布 浙江、辽宁、上海、江苏、安徽、福建、江西、河南、湖北、重庆、云南、台湾。

食用部位 蓬蘽俗称饭箪妞，果实可生食。

62. 高粱泡

拉丁学名 *Rubus lambertianus*

地理分布 浙江、北京、河北、江苏、安徽、福建、江西、河南、湖北、湖南、广东、广
西、重庆、四川、贵州、云南、陕西、甘肃、台湾。

食用部位 果实，可生食。

63. 太平莓

拉丁学名	*Rubus pacificus*
地理分布	浙江、山西、江苏、安徽、福建、江西、河南、湖北、湖南、广东、四川。
食用部位	果实，可生食。

64. 茅莓

拉丁学名　*Rubus parvifolius*

地理分布　浙江、北京、天津、河北、山西、辽宁、上海、江苏、安徽、福建、江西、山东、河南、湖北、湖南、广东、广西、海南、重庆、四川、贵州、云南、西藏、陕西、甘肃、宁夏、台湾、香港。

食用部位　果实，可生食。

65. 盾叶莓

拉丁学名 *Rubus peltatus*

地理分布 浙江、江苏、安徽、福建、江西、湖北、湖南、重庆、贵州、云南。

食用部位 果实，可生食。

66. 空心泡

拉丁学名　*Rubus rosifolius*

地理分布　浙江、江西、湖北、湖南、广东、广西、重庆、贵州、陕西、台湾。

食用部位　果实，可生食。

67. 红腺悬钩子

拉丁学名 *Rubus sumatranus*

地理分布 浙江、江苏、安徽、福建、江西、山东、湖北、湖南、广东、广西、海南、重庆、四川、贵州、云南、西藏、台湾。

食用部位 果实，可生食。

68. 三花悬钩子

拉丁学名 *Rubus trianthus*

地理分布 浙江、江苏、安徽、福建、江西、河南、湖北、湖南、广东、广西、重庆、四川、贵州、云南、台湾。

食用部位 果实,可生食。

69. 光果悬钩子

拉丁学名 *Rubus glabricarpus*

地理分布 浙江、福建。

食用部位 果实，可生食。

70. 黄泡

拉丁学名 *Rubus pectinellus*

地理分布 浙江、江苏、福建、江西、湖北、湖南、重庆、四川、贵州、陕西、青海、台湾。

食用部位 果实，可生食。

71. 石斑木

拉丁学名 *Rhaphiolepis indica*

地理分布 浙江、江苏、安徽、福建、江西、湖北、湖南、广东、广西、海南、四川、贵州、云南、台湾、香港。

食用部位 石斑木俗称乌籽，果实可生食。

72. 白鹃梅

| 拉丁学名 | *Exochorda racemosa* |

地理分布 浙江、北京、河北、山西、辽宁、江苏、安徽、江西、河南、湖北、湖南、云南、陕西、甘肃。

食用部位 嫩叶、嫩芽，可作菜蔬。

73. 台湾林檎

拉丁学名 *Malus doumeri*

地理分布 浙江、江苏、安徽、福建、江西、湖北、湖南、广东、广西、贵州、云南、台湾。

食用部位 果实，可生食。

十七、豆科 Leguminosae

74. 皂荚

拉丁学名 *Gleditsia sinensis*

地理分布 浙江、北京、天津、河北、山西、江苏、安徽、福建、江西、山东、河南、湖北、湖南、广东、广西、重庆、四川、贵州、云南、陕西、甘肃、青海、新疆、香港。

食用部位 种仁，可炒食。

75. 紫藤

拉丁学名　*Wisteria sinensis*

地理分布　浙江、北京、天津、河北、山西、辽宁、江苏、安徽、福建、江西、山东、河南、湖北、湖南、广东、广西、海南、四川、云南、陕西、甘肃。

食用部位　花，可作菜蔬。

76. 香港黄檀

拉丁学名 *Dalbergia millettii*

地理分布 浙江、福建、湖北、湖南、广东、广西、重庆、四川、贵州、云南。

食用部位 香港黄檀俗称绕带檀，枝叶烧成灰碱，可用于加工黄米粿。

77. 葛

拉丁学名 *Pueraria edulis*
地理分布 浙江、四川、贵州、云南。
食用部位 根，制葛粉可食用。

十八、芸香科 Rutaceae

78. 梗花椒

拉丁学名　*Zanthoxylum stipitatum*

地理分布　浙江、江苏、福建、湖北、湖南、广东。

食用部位　果实，可作调味料。

十九、楝科 Meliaceae

79. 香椿

拉丁学名 *Toona sinensis*

地理分布 浙江、北京、天津、河北、山西、辽宁、江苏、安徽、江西、山东、河南、湖北、湖南、广东、广西、海南、重庆、四川、贵州、云南、西藏、陕西、甘肃、台湾、香港。

食用部位 嫩叶，可作菜蔬。

二十、漆树科 Anacardiaceae

80. 南酸枣

拉丁学名　*Choerospondias axillaris*

地理分布　浙江、上海、江苏、安徽、福建、江西、河南、湖北、湖南、广东、广西、海南、重庆、四川、贵州、云南、西藏、香港。

食用部位　南酸枣俗称山椒，果实可加工酸枣糕，亦可生食或酿酒。

81. 盐肤木

拉丁学名　*Rhus chinensis*

地理分布　浙江、北京、天津、河北、山西、辽宁、江苏、安徽、福建、江西、山东、河南、湖北、湖南、广东、广西、重庆、四川、贵州、云南、西藏、陕西、甘肃、新疆、台湾、香港、澳门。

食用部位　果实，可作调味料。

二十一、冬青科 Aquifoliaceae

82. 大叶冬青

拉丁学名　*Ilex latifolia*

地理分布　浙江、江苏、安徽、福建、江西、山东、河南、湖北、湖南、广东、广西、四川、贵州、云南、陕西、甘肃、香港。

食用部位　大叶冬青俗称苦丁茶，叶可制茶。

二十二、无患子科 Sapindaceae

83. 紫果槭

拉丁学名　*Acer cordatum*

地理分布　浙江、江苏、安徽、福建、江西、河南、湖北、湖南、广东、广西、海南、重庆、四川、贵州、西藏、陕西。

食用部位　紫果槭俗称油柴，根熬煮汤汁可用于烧肉。

二十三、鼠李科 Rhamnaceae

84. 多花勾儿茶

拉丁学名 *Berchemia floribunda*

地理分布 浙江、北京、山西、江苏、安徽、福建、江西、河南、湖北、湖南、广东、广西、海南、重庆、四川、贵州、云南、西藏、陕西、甘肃、台湾、香港。

食用部位 嫩叶，可代茶。

85. 枳椇

拉丁学名 *Hovenia acerba*

地理分布 浙江、北京、上海、江苏、安徽、福建、江西、山东、河南、湖北、湖南、广东、广西、重庆、四川、贵州、云南、西藏、陕西、甘肃、香港。

食用部位 枳椇俗称鸡爪梨、衣考杈，果序轴膨大部分可生食、酿酒。

86. 雀梅藤

拉丁学名 *Sageretia thea*

地理分布 浙江、江苏、安徽、福建、江西、湖北、湖南、广东、广西、海南、重庆、四川、贵州、云南、陕西、甘肃、台湾、香港、澳门。

食用部位 果实，可生食。

二十四、葡萄科 Vitaceae

87. 刺葡萄

拉丁学名 *Vitis davidii*

地理分布 浙江、江苏、安徽、江西、河南、湖北、湖南、广东、广西、重庆、四川、贵州、云南、陕西、甘肃。

食用部位 果实，可生食。

88. 网脉葡萄

拉丁学名 *Vitis wilsoniae*
地理分布 浙江。
食用部位 果实，可生食。

89. 葛藟葡萄

拉丁学名 *Vitis flexuosa*

地理分布 浙江、河北、江苏、安徽、福建、江西、山东、河南、湖北、湖南、广东、广西、海南、重庆、四川、贵州、云南、陕西、甘肃、台湾。

食用部位 果实，可生食。

二十五、杜英科 Elaeocarpaceae

90. 杜英

拉丁学名 *Elaeocarpus decipiens*

地理分布 浙江、福建、江西、山东、湖南、广东、广西、海南、四川、贵州、云南、西藏、台湾、香港、澳门。

食用部位 杜英俗称橄榄，果实可生食。

二十六、锦葵科 Malvaceae

91. 梧桐

拉丁学名 *Firmiana simplex*

地理分布 浙江、北京、天津、河北、山西、江苏、安徽、福建、江西、山东、河南、湖北、湖南、广东、广西、海南、重庆、四川、贵州、云南、陕西、台湾、香港。

食用部位 种子，炒熟可食用。

二十七、猕猴桃科 Actinidiaceae

92. 软枣猕猴桃

拉丁学名 *Actinidia arguta*

地理分布 浙江、北京、天津、河北、山西、辽宁、吉林、黑龙江、江苏、安徽、福建、江西、山东、河南、湖北、湖南、广西、重庆、四川、贵州、云南、陕西、甘肃、新疆、台湾。

食用部位 果实，可生食。

93. 异色猕猴桃

拉丁学名 *Actinidia callosa* var. *discolor*
地理分布 浙江、安徽、福建、江西、湖南、广东、广西、重庆、四川、贵州、云南。
食用部位 果实，可生食。

94. 中华猕猴桃

拉丁学名 *Actinidia chinensis*

地理分布 浙江、北京、上海、江苏、安徽、福建、江西、河南、湖北、湖南、广东、广西、重庆、四川、贵州、陕西、甘肃、台湾。

食用部位 中华猕猴桃俗称金梨，果实可生食或泡酒。

95. 毛花猕猴桃

拉丁学名 *Actinidia eriantha*

地理分布 浙江、江苏、安徽、福建、江西、湖南、广东、广西、贵州、云南、陕西。

食用部位 毛花猕猴桃俗称山毛桃，果实可生食或做果酱、果脯及酿酒。

96. 黑蕊猕猴桃

拉丁学名　*Actinidia melanandra*

地理分布　浙江、北京、天津、河北、山西、安徽、福建、江西、山东、河南、湖北、湖
南、广西、重庆、四川、贵州、云南、陕西、甘肃。

食用部位　果实，可生食。

97. 长叶猕猴桃

拉丁学名 *Actinidia hemsleyana*

地理分布 浙江、江苏、福建、江西、湖南、四川、贵州、云南。

食用部位 果实，可生食。

二十八、山茶科 Theaceae

98. 浙江红山茶

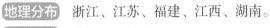

拉丁学名 *Camellia chekiangoleosa*

地理分布 浙江、江苏、福建、江西、湖南。

食用部位 种子，可榨油。

99. 茶

拉丁学名 *Camellia sinensis*

地理分布 浙江、江苏、安徽、福建、江西、河南、湖北、湖南、广东、广西、海南、重庆、四川、贵州、云南、西藏、陕西、甘肃、台湾、香港。

食用部位 叶、芽，均可制茶。

100. 油茶

拉丁学名 *Camellia oleifera*

地理分布 浙江、江苏、安徽、福建、江西、河南、湖北、湖南、广东、广西、海南、重庆、四川、贵州、云南、陕西、甘肃、台湾、香港。

食用部位 油茶俗称茶梨树，枝叶烧成灰碱，可用于加工黄米粿，种子可榨油，茶籽泡、茶籽瓣可生食。

二十九、五列木科 Pentaphylacaceae

101. 杨桐（黄瑞木）

拉丁学名　*Adinandra millettii*

地理分布　浙江、江苏、安徽、福建、江西、河南、湖北、湖南、广东、广西、四川、贵州、云南、台湾、香港。

食用部位　杨桐俗称山茄，果实可生食。

102. 大萼杨桐（大萼黄瑞木）

拉丁学名　*Adinandra glischroloma* var. *macrosepala*

地理分布　浙江、福建、江西、湖南、广西、贵州。

食用部位　大萼杨桐俗称大叶山茄，果实可生食。

103. 格药柃

拉丁学名 *Eurya muricata*

地理分布 浙江、江苏、安徽、福建、江西、湖北、湖南、广东、广西、海南、重庆、四川、贵州、香港。

食用部位 格药柃俗称黄光桑，枝叶烧成灰碱，可用于加工黄米粿。

104. 岩柃

拉丁学名　*Eurya saxicola*

地理分布　浙江、安徽、福建、江西、湖南、广东、广西、四川。

食用部位　枝叶烧成灰碱，可用于加工黄米粿。

105. 尖萼毛柃

拉丁学名 *Eurya acutisepala*

地理分布 浙江、福建、江西、湖南、广东、广西、海南、贵州、云南、西藏。

食用部位 枝叶烧成灰碱，可用于加工黄米粿。

三十、胡颓子科 Elaeagnaceae

106. 蔓胡颓子

拉丁学名 *Elaeagnus glabra*

地理分布 浙江、江苏、安徽、福建、江西、河南、湖北、湖南、广东、广西、重庆、四川、贵州、云南、西藏、陕西、台湾、香港。

食用部位 果实，可生食。

107. 胡颓子

拉丁学名　*Elaeagnus pungens*
地理分布　浙江、上海、江苏、福建、安徽、江西、湖北、湖南、贵州、广东、广西。
食用部位　果实，可生食。

108. 毛木半夏

拉丁学名 *Elaeagnus courtoisii*

地理分布 浙江、安徽、江西、湖北。

食用部位 果实，可生食。

三十一、蓝果树科 Nyssaceae

109. 蓝果树

拉丁学名 *Nyssa sinensis*

地理分布 浙江、江苏、安徽、福建、江西、山东、湖北、湖南、广东、广西、海南、重庆、四川、贵州、云南、陕西、甘肃。

食用部位 蓝果树俗称转梨，果实可生食。

三十二、桃金娘科 Myrtaceae

110. 轮叶蒲桃

拉丁学名　*Syzygium grijsii*
地理分布　浙江、江苏、安徽、福建、江西、湖北、湖南、广东、广西、贵州。
食用部位　果实，可生食。

111. 华南蒲桃

拉丁学名 *Syzygium austrosinense*

地理分布 浙江、福建、广东、广西、贵州、海南、湖北、湖南、江西、四川。

食用部位 果实，可生食。

112. 赤楠

拉丁学名 *Syzygium buxifolium*

地理分布　浙江、安徽、福建、广东、广西、贵州、海南、湖北、湖南、江西、四川、台湾。

食用部位　果实，可生食。

三十三、野牡丹科 Melastomataceae

113. 地菍

拉丁学名	*Melastoma dodecandrum*
地理分布	浙江、辽宁、江苏、安徽、福建、江西、湖北、湖南、广东、广西、四川、贵州、台湾、香港。
食用部位	地菍俗称地茄,果实可生食。

三十四、五加科 Araliaceae

114. 树参

拉丁学名　*Dendropanax dentiger*

地理分布　浙江、江苏、安徽、福建、江西、湖北、湖南、广东、广西、海南、重庆、四川、贵州、云南、台湾、香港。

食用部位　树参俗称鸭掌柴，嫩叶可作菜蔬。

115. 棘茎楤木

拉丁学名　*Aralia echinocaulis*

地理分布　浙江、江苏、安徽、福建、江西、湖北、湖南、广东、广西、重庆、四川、贵州、云南。

食用部位　棘茎楤木俗称百鸟不歇树，嫩叶可作菜蔬，根皮可用于烧肉、泡酒。

三十五、山茱萸科 Cornaceae

116. 四照花

拉丁学名 *Cornus kousa* subsp. *chinensis*

地理分布 浙江、山西、江苏、安徽、福建、江西、山东、河南、湖北、湖南、广东、重庆、四川、贵州、云南、陕西、甘肃、台湾。

食用部位 四照花俗称山荔枝，果实可生食或酿酒。

117. 秀丽四照花

拉丁学名 *Cornus hongkongensis* subsp. *elegans*

地理分布 浙江、福建、江西、云南。

食用部位 秀丽四照花俗称山荔枝，果实可生食。

三十六、桤叶树科 Clethraceae

118. 江南山柳

拉丁学名 *Clethra cavaleriei*

地理分布 浙江、江西、福建、湖南、广东、广西、四川、贵州。

食用部位 江南山柳俗称酸酸叶，叶味酸，食之解渴。

三十七、杜鹃花科 Ericaceae

119. 杜鹃

拉丁学名 *Rhododendron simsii*

地理分布 浙江、辽宁、黑龙江、江苏、安徽、福建、江西、河南、湖北、湖南、广东、广西、海南、重庆、四川、贵州、云南、陕西、香港。

食用部位 杜鹃俗称春鸟花、朱标花，花可制茶。

120. 乌饭树

拉丁学名 *Vaccinium bracteatum*

地理分布 浙江、黑龙江、江苏、安徽、福建、江西、山东、河南、湖北、湖南、广东、广西、海南、重庆、四川、贵州、云南、西藏、陕西、甘肃、台湾、香港。

食用部位 乌饭树俗称乌饭梨，嫩叶可用于制作乌饭，果实可生食。

121. 短尾越橘

拉丁学名 *Vaccinium carlesii*

地理分布 浙江、江苏、安徽、福建、江西、湖北、湖南、广东、广西、海南、四川、贵州、云南、香港。

食用部位 果实，可生食。

122. 江南越橘

拉丁学名 *Vaccinium mandarinorum*

地理分布 浙江、辽宁、江苏、安徽、福建、江西、湖北、湖南、广东、广西、海南、四川、贵州、云南、陕西。

食用部位 果实，可生食。

三十八、柿树科 Ebenaceae

123. 浙江柿

拉丁学名 *Diospyros glaucifolia*
地理分布 浙江、江苏、安徽、福建、江西。
食用部位 果实，可生食或制成柿饼。

124. 野柿

拉丁学名 *Diospyros kaki* var. *sylvestris*

地理分布 浙江、江苏、安徽、福建、江西、湖北、湖南、广东、广西、重庆、四川、贵州、云南、陕西。

食用部位 果实，可生食或制成柿饼。

125. 延平柿

拉丁学名 *Diospyros tsangii*

地理分布 浙江、江苏、福建、江西、湖南、广东、广西。

食用部位 果实，可生食或制成柿饼。

126. 浙江光叶柿

拉丁学名	*Diospyros zhejiangensis*
地理分布	浙江。
食用部位	果实，可生食或制成柿饼。

国家公园野生食用植物图鉴
Wild Edible Plants Atlas of Baishanzu National Park

三十九、木犀科 Oleaceae

127. 流苏树

拉丁学名 *Chionanthus retusus*

地理分布 浙江、北京、天津、河北、山西、辽宁、吉林、江苏、安徽、福建、江西、山东、河南、湖北、湖南、广东、重庆、四川、云南、陕西、甘肃、台湾。

食用部位 花与嫩叶，晒干可代茶。

四十、唇形科 Lamiaceae

128. 豆腐柴

拉丁学名 *Premna microphylla*

地理分布 浙江、江苏、安徽、福建、江西、河南、湖北、湖南、广东、广西、海南、重庆、四川、贵州、陕西、台湾。

食用部位 叶子，可制作山豆腐（俗称桑冻、山桑冻）。

129. 大青

拉丁学名　*Clerodendrum cyrtophyllum*

地理分布　浙江、江苏、安徽、福建、江西、湖北、湖南、广东、广西、海南、重庆、四川、贵州、云南、台湾、香港。

食用部位　嫩枝叶，可作菜蔬。

四十一、茄科 Solanaceae

130. 枸杞

拉丁学名 *Lycium chinense*

地理分布 浙江、北京、天津、河北、山西、内蒙古、辽宁、吉林、上海、江苏、安徽、福建、江西、山东、河南、湖北、湖南、广东、广西、海南、重庆、四川、贵州、云南、西藏、陕西、甘肃、青海、宁夏、新疆、台湾、香港。

食用部位 嫩茎叶可作菜蔬，果实可用于煲汤或煮粥。

四十二、茜草科 Rubiaceae

131. 栀子

拉丁学名 *Gardenia jasminoides*

地理分布 浙江、上海、江苏、安徽、福建、江西、山东、河南、湖北、湖南、广东、广西、海南、重庆、四川、贵州、云南、陕西、甘肃、台湾、香港。

食用部位 栀子俗称黄栀，花可作菜蔬。

四十三、忍冬科 Caprifoliaceae

132. 忍冬

拉丁学名 *Lonicera japonica*

地理分布 浙江、北京、天津、河北、山西、辽宁、江苏、安徽、福建、江西、山东、河南、湖北、湖南、广东、广西、海南、重庆、四川、贵州、云南、西藏、陕西、甘肃、青海、新疆、台湾、香港。

食用部位 忍冬俗称金银花、凉绳，花蕾干燥后可作保健茶饮。

四十四、棕榈科 Arecaceae

133. 棕榈

拉丁学名　*Trachycarpus fortunei*

地理分布　浙江、北京、江苏、安徽、福建、江西、湖北、湖南、广东、广西、重庆、四川、贵州、云南、陕西、甘肃。

食用部位　未开放的花苞可作菜蔬，种子煮熟可食。

四十五、菝葜科 Smilacaceae

134. 菝葜

拉丁学名 *Smilax china*

地理分布 浙江、辽宁、江苏、安徽、福建、江西、山东、河南、湖北、湖南、广东、广西、海南、重庆、四川、贵州、云南、陕西、甘肃、台湾、香港。

食用部位 菝葜俗称金刚刺，根状茎用于酿酒。

第二部分
草本植物

一、紫萁科 Osmundaceae

135. 紫萁

拉丁学名 *Osmunda japonica*

地理分布 浙江、江苏、安徽、福建、江西、山东、河南、湖北、湖南、广东、广西、海南、重庆、四川、贵州、云南、西藏、陕西、甘肃、台湾。

食用部位 紫萁俗称浪荡光，幼嫩叶芽可作菜蔬，焯水后撕开浸泡可去除苦味。

二、碗蕨科 Dennstaedtiaceae

136. 蕨

拉丁学名 *Pteridium aquilinum* var. *latiusculum*

地理分布 浙江、北京、天津、河北、山西、内蒙古、辽宁、吉林、黑龙江、江苏、安徽、福建、江西、山东、河南、湖北、湖南、广东、广西、海南、重庆、四川、贵州、云南、西藏、陕西、甘肃、青海、宁夏、台湾、香港。

食用部位 蕨俗称蕨菜，幼嫩叶芽经加工后可炒食或制成腌菜。

三、蹄盖蕨科 Athyriaceae

137. 菜蕨

拉丁学名 *Diplazium esculentum*

地理分布 浙江、安徽、福建、江西、湖南、广东、海南、四川、贵州、云南、台湾、香港。

食用部位 幼嫩叶芽，经加工后可炒食或制成腌菜。

四、球子蕨科 Onocleaceae

138. 东方荚果蕨

拉丁学名 *Pentarhizidium orientale*

地理分布 浙江、安徽、福建、江西、河南、湖北、湖南、广东、广西、重庆、四川、贵州、云南、西藏、陕西、甘肃、台湾。

食用部位 幼嫩叶芽，经加工后可炒食或制成腌菜。

五、乌毛蕨科 Blechnaceae

139. 珠芽狗脊

拉丁学名 *Woodwardia prolifera*

地理分布 浙江、江苏、福建、江西、湖北、湖南、广东、四川、云南、西藏、台湾。

食用部位 珠芽狗脊俗称鸡雕尾，幼嫩叶芽经加工后可炒食、制成干菜或腌菜。

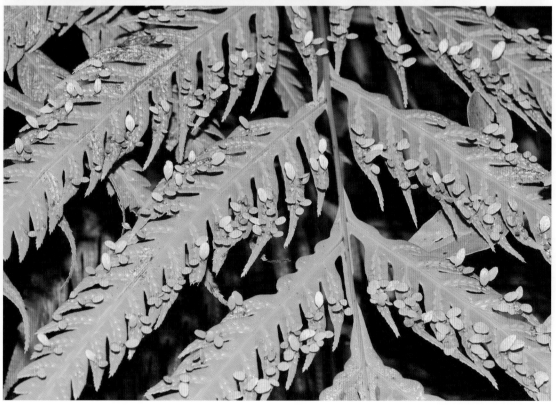

六、三白草科 Saururaceae

140. 蕺菜（鱼腥草）

拉丁学名 *Houttuynia cordata*

地理分布 浙江、山西、辽宁、上海、江苏、安徽、福建、江西、河南、湖北、湖南、广东、广西、海南、重庆、四川、贵州、云南、西藏、陕西、甘肃、台湾、香港。

食用部位 蕺菜俗称臭盏，全株可作菜蔬。

七、荨麻科 Urticaceae

141. 糯米团

拉丁学名 *Gonostegia hirta*

地理分布 浙江、天津、辽宁、江苏、安徽、福建、江西、河南、湖北、湖南、广东、广西、海南、重庆、四川、贵州、云南、西藏、陕西、甘肃、台湾、香港。

食用部位 糯米团俗称水滑菜，嫩茎叶可作菜蔬。

八、蓼科 Polygonaceae

142. 虎杖

拉丁学名 *Reynoutria japonica*

地理分布 浙江、北京、天津、河北、辽宁、上海、江苏、安徽、福建、江西、山东、河南、湖北、湖南、广东、广西、重庆、四川、贵州、云南、陕西、甘肃、台湾。

食用部位 虎杖俗称酸酸秆、酸托，嫩茎可生食。

143. 酸模

拉丁学名　*Rumex acetosa*

地理分布　浙江、北京、天津、河北、山西、内蒙古、辽宁、吉林、黑龙江、上海、江苏、安徽、福建、江西、山东、河南、湖北、湖南、广东、广西、重庆、四川、贵州、云南、西藏、陕西、甘肃、青海、新疆、台湾。

食用部位　嫩苗，可作菜蔬。

144. 羊蹄

拉丁学名 *Rumex japonicus*

地理分布 浙江、北京、天津、河北、辽宁、吉林、黑龙江、上海、江苏、安徽、福建、江西、山东、河南、湖北、湖南、广东、广西、重庆、四川、贵州、云南、西藏、陕西、台湾、香港。

食用部位 嫩苗，可作菜蔬。

145. 杠板归

拉丁学名 *Polygonum perfoliatum*

地理分布 浙江、北京、天津、河北、山西、内蒙古、辽宁、吉林、黑龙江、上海、江苏、安徽、福建、江西、山东、河南、湖北、湖南、广东、广西、重庆、四川、贵州、云南、西藏、陕西、甘肃、台湾、香港、澳门。

食用部位 嫩苗，可作菜蔬。

146. 尼泊尔蓼

拉丁学名 *Polygonum nepalense*

地理分布 浙江、北京、天津、河北、山西、内蒙古、辽宁、吉林、黑龙江、江苏、安徽、福建、江西、山东、河南、湖北、湖南、广东、广西、重庆、四川、贵州、云南、西藏、陕西、甘肃、青海、台湾。

食用部位 嫩苗，可作菜蔬。

九、苋科 Amaranthaceae

147. 莲子草

拉丁学名　*Alternanthera sessilis*

地理分布　浙江、辽宁、江苏、安徽、福建、江西、山东、河南、湖北、湖南、广东、广西、海南、重庆、四川、贵州、云南、台湾、香港、澳门。

食用部位　嫩苗，可作菜蔬。

十、马齿苋科 Portulacaceae

148. 马齿苋

拉丁学名 *Portulaca oleracea*

地理分布 浙江、北京、天津、河北、山西、内蒙古、辽宁、黑龙江、上海、江苏、安徽、福建、江西、山东、河南、湖北、湖南、广东、广西、海南、重庆、四川、贵州、云南、西藏、陕西、甘肃、宁夏、新疆、台湾、香港、澳门。

食用部位 马齿苋俗称酸苋，嫩茎叶可作菜蔬。

十一、石竹科 Caryophyllaceae

149. 繁缕

拉丁学名 *Stellaria media*

地理分布 浙江、北京、天津、河北、山西、内蒙古、辽宁、吉林、黑龙江、上海、江苏、安徽、福建、江西、山东、河南、湖北、湖南、广东、广西、重庆、四川、贵州、云南、西藏、陕西、甘肃、青海、新疆、台湾、澳门。

食用部位 嫩苗，可作菜蔬。

十二、睡莲科 Nymphaeaceae

150. 莼菜

拉丁学名　*Brasenia schreberi*

地理分布　浙江、江苏、江西、湖南、四川、云南。

食用部位　茎叶可作菜蔬（莼菜为国家重点保护珍稀濒危植物，野生资源不得采食，宜发展栽培）。

十三、十字花科 Brassicaceae

151. 蔊菜

拉丁学名 *Rorippa indica*

地理分布 浙江、天津、河北、山西、内蒙古、辽宁、上海、江苏、安徽、福建、江西、山东、河南、湖北、湖南、广东、广西、海南、重庆、四川、贵州、云南、西藏、陕西、甘肃、新疆、台湾、香港。

食用部位 嫩苗，可作菜蔬。

152. 荠

拉丁学名 *Capsella bursa-pastoris*

地理分布 浙江、北京、天津、河北、山西、内蒙古、辽宁、吉林、黑龙江、上海、江苏、安徽、福建、江西、山东、河南、湖北、湖南、广东、广西、重庆、四川、贵州、云南、西藏、陕西、甘肃、青海、宁夏、新疆、台湾、香港、澳门。

食用部位 荠俗称香信娘，嫩苗可作菜蔬。

153. 碎米荠

拉丁学名　*Cardamine hirsuta*

地理分布　浙江、北京、天津、河北、山西、内蒙古、吉林、黑龙江、上海、江苏、安徽、福建、江西、山东、河南、湖北、湖南、广东、广西、海南、重庆、四川、贵州、云南、西藏、陕西、甘肃、台湾、香港。

食用部位　嫩苗，可作菜蔬。

十四、蔷薇科 Rosaceae

154. 翻白草

拉丁学名 *Potentilla discolor*

地理分布 浙江、北京、天津、河北、山西、内蒙古、辽宁、黑龙江、上海、江苏、安徽、福建、江西、山东、河南、湖北、湖南、广东、广西、重庆、四川、贵州、云南、陕西、甘肃、青海、台湾。

食用部位 嫩苗，可作菜蔬。

十五、豆科 Fabaceae

155. 救荒野豌豆

拉丁学名 *Vicia sativa*

地理分布 浙江、北京、天津、河北、山西、上海、江苏、安徽、福建、江西、山东、河南、湖北、湖南、广东、广西、海南、重庆、四川、贵州、云南、西藏、陕西、甘肃、青海、宁夏、新疆、台湾。

食用部位 嫩苗，可作菜蔬。

十六、五加科 Araliaceae

156. 天胡荽

拉丁学名　*Hydrocotyle sibthorpioides*

地理分布　浙江、上海、江苏、安徽、福建、江西、湖北、湖南、广东、广西、海南、重庆、四川、贵州、云南、陕西、甘肃、台湾、香港、澳门。

食用部位　天胡荽俗称羊皮锦、铺地锦，全草可用于烹制猪肚。

十七、伞形科 Apiaceae

157. 水芹

拉丁学名　*Oenanthe javanica*

地理分布　浙江、北京、天津、河北、山西、内蒙古、辽宁、吉林、黑龙江、上海、江苏、安徽、福建、江西、山东、河南、湖北、湖南、广东、广西、海南、重庆、四川、贵州、云南、西藏、陕西、甘肃、宁夏、新疆、台湾。

食用部位　水芹俗称水芹菜，嫩茎叶可作菜蔬。

国家公园野生食用植物图鉴
Wild Edible Plants Atlas of Baishanzu National Park

158. 鸭儿芹

拉丁学名　*Cryptotaenia japonica*

地理分布　浙江、河北、山西、辽宁、上海、江苏、安徽、福建、江西、山东、河南、湖
北、湖南、广东、广西、重庆、四川、贵州、云南、陕西、甘肃、台湾。

食用部位　嫩苗，可作菜蔬。

十八、唇形科 Lamiaceae

159. 薄荷

拉丁学名 *Mentha canadensis*

地理分布 浙江、北京、天津、河北、山西、内蒙古、辽宁、吉林、黑龙江、上海、江苏、安徽、福建、江西、山东、河南、湖北、湖南、广东、广西、海南、重庆、四川、贵州、云南、西藏、陕西、甘肃、青海、宁夏、新疆。

食用部位 嫩茎叶，可作调味料。

160. 紫苏

拉丁学名 *Perilla frutescens*

地理分布 浙江、北京、天津、河北、山西、内蒙古、辽宁、吉林、黑龙江、上海、江苏、安徽、福建、江西、山东、河南、湖北、湖南、广东、广西、海南、重庆、四川、贵州、云南、西藏、陕西、甘肃、青海、宁夏、新疆、台湾、香港。

食用部位 紫苏野生者叶绿色，俗称白苏，嫩茎叶可作调味料。

161. 夏枯草

拉丁学名 *Prunella vulgaris*

地理分布 浙江、北京、辽宁、吉林、江苏、安徽、福建、江西、山东、河南、湖北、湖南、广东、广西、重庆、四川、贵州、云南、西藏、陕西、甘肃、新疆、台湾。

食用部位 夏枯草俗称田螺草花，花穗或果穗烘干可作茶饮。

162. 甘露子

拉丁学名　*Stachys sieboldii*

地理分布　浙江、黑龙江、江西、河南、湖南、广西、四川、西藏、陕西、甘肃、青海。

食用部位　块茎，可制作酱菜或泡菜。

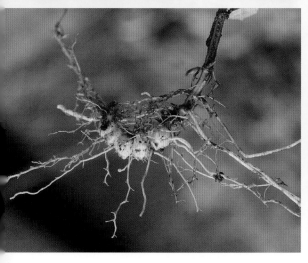

163. 硬毛地笋

拉丁学名　*Lycopus lucidus*

地理分布　浙江、北京、天津、河北、山西、内蒙古、辽宁、吉林、黑龙江、上海、江苏、安徽、江西、山东、河南、湖北、湖南、广东、广西、重庆、四川、贵州、云南、陕西、甘肃。

食用部位　根茎，可鲜用或制成腌菜。

十九、茄科 Solanaceae

164. 广西地海椒

拉丁学名　*Physaliastrum chamaesarachoides*
地理分布　浙江、安徽、福建、江西、广西。
食用部位　果实，可生食。

165. 龙葵

拉丁学名　*Solanum nigrum*

地理分布　浙江、北京、天津、河北、山西、内蒙古、辽宁、吉林、黑龙江、上海、江苏、安徽、福建、江西、山东、河南、湖北、湖南、广西、海南、重庆、四川、贵州、云南、西藏、陕西、甘肃、青海、宁夏、新疆、台湾、香港。

食用部位　嫩苗，可作菜蔬。

二十、苦苣苔科 Gesneriaceae

166. 降龙草

拉丁学名 *Hemiboea subcapitata*

地理分布 浙江、江苏、安徽、福建、江西、河南、湖北、湖南、广东、广西、重庆、四川、贵州、云南、陕西、甘肃。

食用部位 叶，可作菜蔬。

二十一、车前科 Plantaginaceae

167. 车前

拉丁学名 *Plantago asiatica*

地理分布 浙江、北京、天津、河北、山西、内蒙古、辽宁、吉林、黑龙江、上海、江苏、安徽、福建、江西、山东、河南、湖北、湖南、广东、广西、海南、重庆、四川、贵州、云南、西藏、陕西、甘肃、青海、宁夏、新疆、台湾。

食用部位 车前俗称蛤蟆衣，嫩苗可作菜蔬。

二十二、茜草科 Rubiaceae

168. 东南茜草

拉丁学名 *Rubia argyi*

地理分布 浙江、北京、山西、江苏、安徽、福建、江西、山东、河南、湖北、湖南、广东、广西、重庆、四川、陕西、甘肃、青海、台湾。

食用部位 东南茜草俗称染蛋草，茎叶煎煮汤汁可用于鸡蛋染色。

二十三、忍冬科 Caprifoliaceae

169. 攀倒甑

拉丁学名 *Patrinia villosa*

地理分布 浙江、天津、山西、辽宁、黑龙江、上海、江苏、安徽、福建、江西、山东、河南、湖北、湖南、广东、广西、重庆、四川、贵州、云南、陕西、台湾。

食用部位 攀倒甑俗称苦益菜，叶与嫩茎可作菜蔬。

170. 败酱

拉丁学名 *Patrinia scabiosifolia*

地理分布 浙江、北京、黑龙江、甘肃。

食用部位 败酱俗称苦益菜，叶与嫩茎可作菜蔬。

171. 墓头回

拉丁学名 *Patrinia heterophylla*

地理分布 浙江、北京、天津、河北、山西、内蒙古、辽宁、吉林、江苏、安徽、福建、江西、山东、河南、湖北、湖南、广西、重庆、四川、贵州、云南、陕西、甘肃、青海、宁夏。

食用部位 墓头回俗称苦益菜，叶与嫩茎可作菜蔬。

二十四、葫芦科 Cucurbitaceae

172. 绞股蓝

拉丁学名 *Gynostemma pentaphyllum*

地理分布 浙江、江苏、安徽、福建、江西、山东、河南、湖北、湖南、广东、广西、海南、重庆、四川、贵州、云南、西藏、陕西、甘肃、台湾。

食用部位 叶，可制茶。

二十五、桔梗科 Campanulaceae

173. 金钱豹

拉丁学名 *Campanumoea javanica*

地理分布 浙江、江苏、安徽、福建、江西、湖北、湖南、广东、广西、海南、重庆、四川、贵州、云南、西藏、陕西。

食用部位 果实，可生食。

174. 铜锤玉带草

拉丁学名 *Lobelia angulata*

地理分布 浙江、福建、江西、湖北、湖南、广东、广西、海南、重庆、四川、贵州、云南、西藏、陕西、甘肃、台湾、香港。

食用部位 嫩苗，可作菜蔬。

175. 桔梗

拉丁学名　*Platycodon grandiflorus*

地理分布　浙江、北京、天津、河北、山西、内蒙古、辽宁、吉林、黑龙江、江苏、安徽、福建、江西、山东、河南、湖北、湖南、广东、广西、重庆、四川、贵州、云南、陕西、新疆、香港。

食用部位　嫩叶可作菜蔬，根可制泡菜。

二十六、菊科 Caprifoliaceae

176. 马兰

拉丁学名 *Aster indicus*

地理分布 浙江、北京、河北、山西、辽宁、吉林、黑龙江、江苏、安徽、江西、山东、河南、湖北、湖南、广东、广西、海南、重庆、四川、贵州、云南、陕西、甘肃、宁夏、台湾、香港。

食用部位 马兰俗称水苦益，嫩苗可作菜蔬。

177. 钻叶紫菀

拉丁学名 *Symphyotrichum subulatum*

地理分布 浙江、江苏、江西、云南、贵州等。原产北美。

食用部位 嫩茎叶，可作菜蔬。

178. 三脉紫菀

拉丁学名　*Aster trinervius* subsp. *ageratoides*

地理分布　浙江、北京、天津、河北、山西、内蒙古、辽宁、吉林、黑龙江、江苏、安徽、福建、江西、山东、河南、湖北、湖南、广东、广西、海南、重庆、四川、贵州、云南、西藏、陕西、甘肃、青海、宁夏、台湾。

食用部位　三脉紫菀俗称苦莲姜、苦凉板，嫩茎叶可作菜蔬。

179. 一年蓬

拉丁学名　*Erigeron annuus*

地理分布　浙江、天津、山西、辽宁、吉林、黑龙江、上海、江苏、安徽、福建、江西、湖北、湖南、广东、广西、重庆、四川、贵州、云南、西藏、陕西、甘肃、台湾。

食用部位　嫩苗，可作菜蔬。

180. 野菊

拉丁学名 *Chrysanthemum indicum*

地理分布 浙江、北京、天津、河北、内蒙古、辽宁、吉林、黑龙江、上海、江苏、安徽、福建、江西、山东、河南、湖北、湖南、广东、广西、海南、重庆、四川、贵州、云南、陕西、甘肃、新疆、香港、澳门。

食用部位 花，可制茶。

181. 甘菊

拉丁学名 *Chrysanthemum lavandulifolium*

地理分布 浙江、北京、天津、河北、山西、内蒙古、辽宁、吉林、江苏、安徽、福建、江西、山东、河南、湖北、重庆、四川、贵州、云南、陕西、甘肃、青海、宁夏、新疆。

食用部位 花，可制茶。

182. 牡蒿

拉丁学名 *Artemisia japonica*

地理分布 浙江、北京、天津、河北、山西、内蒙古、辽宁、吉林、黑龙江、江苏、安徽、福建、江西、山东、河南、湖北、湖南、广东、广西、海南、重庆、四川、贵州、西藏、陕西、甘肃、青海、台湾、香港。

食用部位 牡蒿俗称秋蓬，嫩茎叶晒干可作茶饮，亦可制作清明粿。

183. 野艾蒿

拉丁学名　*Artemisia lavandulifolia*

地理分布　浙江、北京、天津、河北、山西、内蒙古、辽宁、吉林、黑龙江、江苏、安徽、福建、江西、山东、河南、湖北、湖南、广东、广西、海南、重庆、四川、贵州、西藏、陕西、甘肃、青海、宁夏、新疆、香港。

食用部位　嫩茎叶，可制作清明粿。

184. 白苞蒿

拉丁学名 *Artemisia lactiflora*

地理分布 浙江、北京、天津、河北、山西、内蒙古、辽宁、吉林、江苏、安徽、福建、江西、山东、河南、湖北、湖南、广东、广西、海南、重庆、四川、贵州、云南、陕西、甘肃、香港。

食用部位 嫩苗，可作菜蔬。

185. 蜂斗菜

拉丁学名 *Petasites japonicus*

地理分布 浙江、吉林、安徽、福建、江西、湖南、贵州、陕西。

食用部位 嫩苗，可作菜蔬。

186. 野茼蒿

拉丁学名　*Crassocephalum crepidioides*

地理分布　浙江、北京、黑龙江、安徽、福建、江西、湖北、湖南、广东、广西、海南、重庆、四川、贵州、云南、西藏、甘肃、台湾。

食用部位　嫩苗，可作菜蔬。

187. 泥胡菜

拉丁学名 *Hemisteptia lyrata*

地理分布 浙江、北京、河北、江苏、福建、河南、湖北、湖南、广东、广西、四川、贵州、云南、西藏、青海。

食用部位 嫩茎叶,可制作清明粿。

188. 卢山风毛菊

拉丁学名 *Saussurea bullockii*

地理分布 浙江、安徽、福建、江西、河南、湖北、广东、四川、陕西。

食用部位 卢山风毛菊俗称萝菀、憨驴菜，嫩苗可作菜蔬。

189. 山牛蒡

拉丁学名　*Synurus deltoides*

地理分布　浙江、北京、天津、河北、山西、内蒙古、辽宁、吉林、黑龙江、安徽、江西、山东、河南、湖北、湖南、广西、重庆、四川、陕西。

食用部位　嫩苗，可作菜蔬。

190. 鼠麴草

拉丁学名 *Pseudognaphalium affine*
地理分布 浙江、四川、甘肃。
食用部位 鼠麴草俗称社麴、蓬，嫩茎叶可制作清明粿、社粿。

191. 稻槎菜

拉丁学名　*Lapsanastrum apogonoides*

地理分布　浙江、上海、江苏、安徽、福建、江西、湖北、湖南、广东、广西、重庆、贵州、云南、陕西、甘肃、新疆。

食用部位　嫩苗，可作菜蔬。

192. 蒲公英

拉丁学名 *Taraxacum mongolicum*

地理分布 浙江、北京、天津、河北、山西、内蒙古、辽宁、吉林、黑龙江、上海、江苏、安徽、福建、江西、山东、河南、湖北、湖南、广西、重庆、四川、贵州、云南、陕西、甘肃、青海、宁夏、新疆。

食用部位 嫩苗，可作菜蔬。

193. 苦苣菜

拉丁学名 *Sonchus oleraceus*

地理分布 浙江、北京、天津、河北、山西、内蒙古、辽宁、吉林、黑龙江、上海、江苏、安徽、福建、江西、山东、河南、湖北、湖南、广东、广西、海南、重庆、四川、贵州、云南、陕西、甘肃、青海、宁夏、新疆、台湾。

食用部位 嫩苗，可作菜蔬。

194. 黄鹤菜

拉丁学名　*Youngia japonica*

地理分布　浙江、北京、河北、吉林、上海、江苏、安徽、福建、江西、山东、河南、湖北、湖南、广东、广西、海南、重庆、四川、贵州、云南、西藏、陕西、甘肃、新疆、台湾、香港。

食用部位　嫩苗，可作菜蔬。

195. 黄瓜菜

拉丁学名　*Paraixeris denticulata*

地理分布　浙江、北京、天津、河北、山西、内蒙古、辽宁、吉林、黑龙江、江苏、安徽、福建、江西、山东、河南、湖北、湖南、广东、广西、重庆、四川、贵州、云南、陕西、甘肃、青海、宁夏、香港。

食用部位　嫩苗，可作菜蔬。

二十七、香蒲科 Typhaceae

196. 香蒲

拉丁学名 *Typha orientalis*

地理分布 浙江、北京、天津、河北、山西、内蒙古、辽宁、吉林、黑龙江、江苏、安徽、江西、河南、湖北、湖南、广东、四川、贵州、云南、西藏、陕西、甘肃、青海、台湾。

食用部位 嫩茎，可作菜蔬。

二十八、禾本科 Gramineae

197. 华丝竹

拉丁学名	*Pleioblastus intermedius*
地理分布	浙江。
食用部位	笋，可鲜用、干制或腌制。

198. 方竹

拉丁学名	*Chimonobambusa quadrangularis*
地理分布	浙江、福建、广东、广西、重庆、四川、云南。
食用部位	笋，可鲜用、干制或腌制。

199. 毛竹

拉丁学名 *Phyllostachys edulis*

地理分布 浙江、北京、江苏、安徽、福建、江西、河南、湖北、湖南、广东、广西、四川、贵州、陕西。

食用部位 笋，可鲜用、干制或腌制。

200. 毛环竹

拉丁学名　*Phyllostachys meyeri*

地理分布　浙江、湖南、广西。

食用部位　笋，可鲜用、干制或腌制。

201. 毛金竹

拉丁学名　*Phyllostachys nigra* var. *henonis*

地理分布　浙江、北京、安徽、江西、河南、湖北、湖南、重庆、四川、贵州、云南、陕
西、香港。

食用部位　笋，可鲜用、干制或腌制。

202. 红边竹

拉丁学名　*Phyllostachys rubromarginata*

地理分布　浙江、河南、广西、贵州。

食用部位　笋，可鲜用、干制或腌制。

203. 刚竹

拉丁学名 *Phyllostachys sulphurea* var. *viridis*

地理分布 浙江、江苏、福建、江西、河南、贵州。

食用部位 笋，可鲜用、干制或腌制。

204. 雷竹

拉丁学名	*Phyllostachys violascens 'Prevernalis'*
地理分布	浙江、安徽。
食用部位	笋，可鲜用、干制或腌制。

205. 黄槽刚竹

拉丁学名 *Phyllostachys sulphurea* f. *houzeauana*

地理分布 浙江。

食用部位 笋，可鲜用、干制或腌制。

206. 黄皮绿筋刚竹

拉丁学名 *Phyllostachys sulphurea* f. *robertii*

地理分布 浙江。

食用部位 笋，可鲜用、干制或腌制。

207. 芦苇

拉丁学名　*Phragmites australis*

地理分布　浙江、北京、天津、河北、山西、内蒙古、辽宁、吉林、黑龙江、上海、江苏、安徽、福建、江西、山东、河南、湖北、湖南、广东、广西、海南、重庆、四川、贵州、云南、西藏、陕西、甘肃、青海、宁夏、新疆、台湾、香港、澳门。

食用部位　嫩茎，可作菜蔬。

208. 大白茅

拉丁学名 *Imperata cylindrica* var. *major*

地理分布 浙江、北京、天津、河北、山西、辽宁、吉林、江苏、安徽、福建、江西、山东、河南、湖北、湖南、广东、广西、海南、重庆、四川、贵州、云南、西藏、陕西、甘肃、香港。

食用部位 根状茎（俗称牛膜根、黄麻札根），可作菜蔬。

209. 淡竹叶

拉丁学名　*Lophatherum gracile*

地理分布　浙江、山西、江苏、安徽、福建、江西、山东、河南、湖北、湖南、广东、广西、海南、重庆、四川、贵州、云南、台湾、香港、澳门。

食用部位　全株，晒干可制茶。

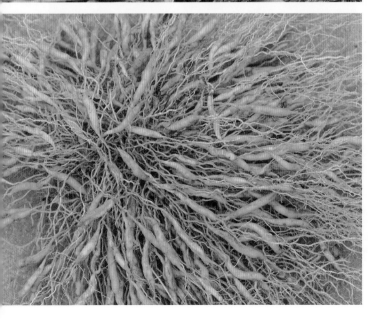

二十九、雨久花科 Pontederiaceae

210. 鸭舌草

拉丁学名　*Monochoria vaginalis*

地理分布　浙江、北京、天津、河北、辽宁、黑龙江、上海、江苏、安徽、福建、江西、河南、湖北、湖南、广东、广西、海南、重庆、四川、贵州、云南、陕西、甘肃、台湾、香港。

食用部位　嫩叶，可作菜蔬。

三十、百合科 Liliaceae

211. 野百合

拉丁学名 *Lilium brownii*

地理分布 浙江、北京、天津、山西、江苏、安徽、福建、江西、河南、湖北、湖南、广东、广西、重庆、四川、贵州、云南、陕西、甘肃。

食用部位 鳞茎，可作菜蔬。

三十一、阿福花科 Asphodelaceae

212. 萱草

拉丁学名 *Hemerocallis fulva*

地理分布 浙江、北京、天津、河北、辽宁、上海、江苏、安徽、福建、江西、山东、河南、湖北、湖南、广东、广西、海南、重庆、四川、贵州、云南、西藏、陕西、甘肃、宁夏、新疆。

食用部位 花，经加工去毒后可鲜用或干制。

三十二、天门冬科 Asparagaceae

213. 多花黄精

拉丁学名　*Polygonatum cyrtonema*

地理分布　浙江、北京、天津、河北、山西、辽宁、吉林、黑龙江、江苏、安徽、福建、江西、山东、河南、湖北、湖南、广东、广西、重庆、四川、贵州、云南、陕西、甘肃、青海、台湾。

食用部位　多花黄精俗称千年运，嫩叶可作菜蔬，根状茎可烹制药膳。

214. 长梗黄精

拉丁学名　*Polygonatum filipes*

地理分布　浙江、江苏、安徽、福建、江西、湖南、广东、广西、贵州、甘肃。

食用部位　长梗黄精俗称千年运，嫩叶可作菜蔬，根状茎可烹制药膳。

三十三、石蒜科 Amaryllidaceae

215. 薤白

拉丁学名 *Allium macrostemon*

地理分布 浙江、北京、天津、河北、山西、内蒙古、辽宁、吉林、黑龙江、江苏、安徽、福建、江西、山东、河南、湖北、湖南、广西、重庆、四川、贵州、云南、西藏、陕西、甘肃、青海、宁夏、台湾。

食用部位 鳞茎，可作菜蔬。

三十四、姜科 Zingiberaceae

216. 山姜

拉丁学名 *Alpinia japonica*

地理分布 浙江、江苏、福建、江西、湖北、湖南、广东、广西、海南、重庆、四川、贵州、云南、台湾。

食用部位 果实，可用于调配药膳。

三十五、兰科 Orchidaceae

217. 斑叶兰

拉丁学名 *Goodyera schlechtendaliana*

地理分布 浙江、山西、江苏、安徽、福建、江西、河南、湖北、湖南、广东、广西、海南、重庆、四川、贵州、云南、西藏、陕西、甘肃。

食用部位 花，可制成凉拌菜（斑叶兰野生资源稀少，宜发展栽培）。

参考文献

丁炳扬，夏家天，张方钢，等，2014. 百山祖的野生植物：木本植物 I ［M］. 杭州：浙江科学 技术出版社 .

李根有，陈征海，杨淑贞，2011. 浙江野菜 100 种精选图谱 ［M］. 北京：科学出版社 .

李根有，陈征海，桂祖云，2013. 浙江野果 200 种精选图谱 ［M］. 北京：科学出版社 .

刘萌萌，李泽建，王军峰，2020. 百山祖国家公园蜜源植物图鉴 ［M］. 北京：中国农业科学 技术出版社 .

梅旭东，沈晓霞，王志安，等，2018. 中国畲药植物图鉴·上卷 ［M］. 杭州：浙江科学技术 出版社 .

沈晓霞，梅旭东，王志安，等，2019. 中国畲药植物图鉴·下卷 ［M］. 杭州：浙江科学技术 出版社 .

吴式求，2010. 庆元方言研究 ［M］. 杭州：浙江大学出版社 .

张方钢，陈德良，丁炳扬，等，2018. 百山祖的野生植物：木本植物 II ［M］. 杭州：浙江科 学技术出版社 .

中名索引

学名索引